"十四五"国家重点图书出版规划项目

2020年度国家出版基金资助项目

第八届中华优秀出版物（图书）奖

2022年度"中国好书"

（第二辑）

# 全景看·国之重器

# "天宫"寻梦

郑　军 著 /庞之浩 主编 /张　杰 总主编

北方联合出版传媒（集团）股份有限公司

辽宁少年儿童出版社

沈 阳

© 郑 军 庞之浩 2022

**图书在版编目（CIP）数据**

"天宫"寻梦 / 郑军著 ; 庞之浩主编. — 沈阳 : 辽宁少年儿童
出版社, 2022.1（2023.5 重印）
（AR全景看·国之重器 / 张杰总主编. 第二辑）
ISBN 978-7-5315-8973-0

Ⅰ. ①天… Ⅱ. ①郑… ②庞… Ⅲ. ①航天站—中国—少年读
物 Ⅳ. ①V476.1-49

中国版本图书馆CIP数据核字（2022）第021278号

"天宫"寻梦
Tiangong Xunmeng
郑 军 著 庞之浩 主编 张 杰 总主编
出版发行：北方联合出版传媒（集团）股份有限公司
　　　　　辽宁少年儿童出版社
出 版 人：胡运江
地　　址：沈阳市和平区十一纬路25号
邮　　编：110003
发行部电话：024-23284265　23284261
总编室电话：024-23284269
E-mail:lnsecbs@163.com
http://www.lnse.com
承 印 厂：鹤山雅图仕印刷有限公司

策　　划：张国际　许苏葵
责任编辑：胡运江　武海山
责任校对：段胜雪
封面设计：精一·绘阅坊
版式设计：精一·绘阅坊
插图绘制：精一·绘阅坊
责任印制：吕国刚

幅面尺寸：210mm×284mm
印　张：3　　　　字数：60千字
插　页：4
出版时间：2022年1月第1版
印刷时间：2023年5月第4次印刷
标准书号：ISBN 978-7-5315-8973-0
定　价：58.00 元

# AR使用说明

## 1 设备说明

本软件支持Android4.2及以上版本，iOS9.0及以上版本，且内存（RAM）容量为2GB或以上的设备。

## 2 安装App

①安卓用户可使用手机扫描封底下方"AR安卓版"二维码，下载并安装App。

②苹果用户可使用手机扫描封底下方"AR iOS版"二维码，或在App Store中搜索"AR全景看·国之重器"，下载并安装App。

## 3 操作说明

请先打开App，将手机镜头对准带有 AR 图标的页面（P18），使整张页面完整呈现在扫描界面内，AR全景画面会立即呈现。

## 4 注意事项

①点击下载的应用，第一次打开时，请允许手机访问"AR全景看·国之重器"。

②请在光线充足的地方使用手机扫描本产品，同时也要注意防止所扫描的页面因强光照射导致反光，影响扫描效果。

# 丛书编委会

总 主 编 张 杰

分册主编（以姓氏笔画为序）

　　　　孙京海　李向阳　庞之浩　赵建东　熊　伟

编　　委（以姓氏笔画为序）

　　　　孙京海　李向阳　张　杰　庞之浩　赵建东

　　　　胡运江　栗田平　高登义　梁　严　谢竞远

　　　　熊　伟　薄文才

# 主编简介

## 总主编

张杰：中国科学院院士，中国共产党第十八届中央委员会候补委员，曾任上海交通大学校长、中国科学院副院长与党组成员兼中国科学院大学党委书记。主要从事强场物理、X射线激光和"快点火"激光核聚变等方面的研究。曾获第三世界科学院(TWAS)物理奖、中国科学院创新成就奖、国家自然科学二等奖、香港何梁何利基金科学技术进步奖、世界华人物理学会"亚洲成就奖"、中国青年科学家奖、香港"求是"杰出青年学者奖、国家杰出青年科学基金、中科院百人计划优秀奖、中科院科技进步奖、国防科工委科技进步奖、中国物理学会饶毓泰物理奖、中国光学学会王大珩光学奖等，并在教育科学与管理等方面卓有建树，同时极为关注与关心少年儿童的科学知识普及与科学精神培育。

## 分册主编

孙京海：国家天文台青年研究员。本科毕业于清华大学精密仪器与机械学系。研究生阶段师从南仁东，开展500米口径球面射电望远镜馈源支撑系统的仿真分析和运动控制方法研究。毕业后加入国家天文台FAST工程团队工作。

李向阳："蛟龙"号试验性应用航次现场副总指挥，自然资源部中国大洋矿产资源研究开发协会办公室科技与国际合作处处长。

庞之浩：教授，现为中国空间技术研究院研究员，全国空间探测技术首席科学传播专家，中国空间科学传播专家工作室首席科学传播专家，卫星应用产业协会首席专家，《知识就是力量》《太空探索》《中国国家天文》杂志编委。其主要著作有《宇宙城堡——空间站发展之路》《登天巴士——航天飞机喜忧录》《太空之舟——宇宙飞船面面观》《中国航天器》等。主持或参与编著了《探月的故事》《载人航天新知识丛书》《神舟圆梦》《科学的丰碑——20世纪重大科技成就纵览》《叩开太空之门——航天科技知识问答》等。

赵建东：供职《中国自然资源报》，多年来，长期从事考察极地科学研究工作并跟踪报道。2009年10月—2010年4月，曾参加中国南极第26次科学考察团，登陆过中国南极昆仑站、中山站、长城站三个科考站，出版了反映极地科考的纪实性图书——《极至》，曾牵头出版《建设海洋强国书系》，曾获得第23届中国新闻奖，在2016、2018年获得全国优秀新闻工作者最高奖——长江韬奋奖提名。

熊伟：《兵器知识》杂志社副主编。至今已在《兵器知识》《我们爱科学》等期刊上发表科普文章200余篇；曾参与央视七套《军事科技》栏目的策划，撰写了《未来战场》《枪械大师》系列片的脚本文案，央视国防军事频道的《现代都市作战的步兵装备》等脚本文案；曾担任《中国科普文选（第二辑）·利甲狂飙》一书主编。

# 序

　　我国科技正处于快速发展阶段，新的成果不断涌现，其中许多都是自主创新且居于世界领先地位，中国制造已成为我国引以为傲的名片。本套丛书聚焦"中国制造"，以精心挑选的六个极具代表性的新兴领域为主题，并由多位专家教授撰写，配有500余幅精美彩图，为小读者呈现一场现代高科技成果的饕餮盛宴。

　　丛书共六册，分别为《"嫦娥"探月》《"蛟龙"出海》《"雪龙"破冰》《"天宫"寻梦》《无人智造》《"天眼"探秘》。每一册的内容均由四部分组成：原理、历史发展、应用剖析和未来展望，让小读者全方位地了解"中国制造"，认识到国家日益强大，增强民族自信心和自豪感。

　　丛书还借助了AR（增强现实）技术，将复杂的科学原理变成一个个生动、有趣、直观的小游戏，让科学原理活起来、动起来。通过阅读和体验的方式，引导小朋友走进科学的大门。

　　孩子是国家的未来和希望，学好科技，用好科技，不仅影响个人发展，更会影响一个国家的未来。希望这套丛书能给小读者呈现一个绚丽多彩的科技世界，让小读者遨游其中，爱上科学研究。我们非常幸运地生活在这个伟大的新时代，我们衷心希望小读者们在民族复兴的伟大历程中筑路前行，成为有梦想、有担当的科学家。

中国科学院院士

# 目　录

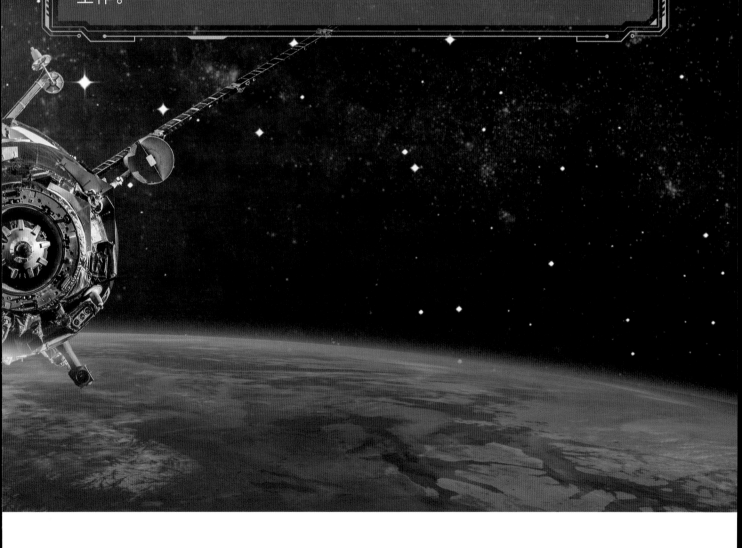

"地球是人类的摇篮，但是人类不能永远生活在摇篮里。"

苏联科学家、现代航天学和火箭理论的奠基人齐奥尔科夫斯基的这句名言，已经概括了载人航天事业的伟大意义。地球资源和宇宙资源相比，就像一粒沙和一望无际的沙漠。随着科技的进步，人类对自然资源的开发正在逼近地球的极限，只有开发宇宙资源，才能为今后的发展打基础。

这就必须要能把人送上太空，以便完成更为复杂的太空开发工作。

宇航专家冯·卡门认为，在超过海拔100千米的高处，空气稀薄到无法给机翼提供足够的升力。想飞得更高，就得绕地球飞行，靠惯性对抗地球引力。后来，人们把能超越这条线的飞行器称为航天器。

能把人类送上太空，以执行航天任务并返回地面的航天器，被称为载人飞船。它也可以在轨道上停留一段时间，但由于空间狭小，搭载的给养有限，载人飞船通常用作太空渡船，主要功能是把人类送到目的地，再接回来。这些目的地既有其他星球，也有空间站。

## 1 载人飞船的组成

载人飞船由几个舱组成。首先是返回舱，在起飞和降落阶段，航天员都待在这里面。

其次是轨道舱。飞船入轨后，航天员在这里开展各项工作。如果飞船需要与其他航天器对接，对接口也设置在轨道舱。航天员返回后，轨道舱还会在轨道上飞行一段时间。

在有些任务中，航天员需要进入太空，还要在轨道舱上附设一个气闸舱。

第三就是推进舱，也称服务舱，为飞船提供电源、动力支持。

## 2 载人飞船有什么用途

根据任务不同，载人飞船可分卫星式载人飞船、登月载人飞船和行星际载人飞船三种。卫星式载人飞船可以搭载仪器，在地球轨道上完成科学研究。它们也能执行摆渡任务，把人和物资送到轨道上的空间站。

登月载人飞船能把人类送到月球，"阿波罗"系列飞船是目前唯一的登月载人飞船。将来，中国也会研发自己的登月载人飞船。

如果要搞载人的火星探险、金星探险和小行星探险，或者更远距离的星际探险，就需要行星际载人飞船。目前，还没有哪个国家研发出这种飞船。

"神舟"系列　　水星号　　上升号

## 3 各国的载人飞船

苏联最早发射的载人飞船有"东方号""上升号"和"联盟号"三种型号。它们创造出了首次载人航天、首次太空行走等佳绩。如今，"联盟号"还在为俄罗斯"国际空间站"服务。

美国发射过"水星号""双子星号"和"阿波罗"三种飞船，创造过载人登月的壮举。2020年，美国的载人"龙"飞船成功搭载2名航天员升空，成为全球首个私营载人飞船。

中国载人飞船主要是"神舟"系列，完成了载人升空、太空行走和空间对接任务。

其他国家尚未发射过载人飞船。

大多数载人飞船只能用一次，人们迫切需要可以重复使用的载人航天器，于是便发明了航天飞机。航天飞机发射所需的推力一般由两个固体火箭助推器和三个航天发动机提供。但在返回大气层后，却能像飞机一样着陆。这就大大提高了利用率。

## 1 航天飞机的结构

航天飞机由轨道器、外贮箱和固体火箭助推器三部分组成。轨道器大小如一架中型飞机。前面是主舱，航天员的工作和生活主要在这里。中间有货舱，里面可装载各种航天器、科研仪器等。后段包括垂直尾翼、主发动机和轨道发动机。苏联的航天飞机去掉了主发动机，只保留轨道发动机，结构更简单。

| | | |
|---|---|---|
| ❶ 飞行甲板 | ⓫ 前起落架 | ㉑ 控制器 |
| ❷ 控制面板 | ⓬ 氧气瓶 | ㉒ 液氧储箱 |
| ❸ 上窗 | ⓭ 对接口 | ㉓ 燃料(液态氮)舱 |
| ❹ 货舱窗 | ⓮ 货舱 | ㉔ 尾部附件 |
| ❺ 中层甲板 | ⓯ 货舱通道 | ㉕ 降落伞舱 |
| ❻ 航空电子设备 | ⓰ 遥控机械臂 | ㉖ 燃料段 |
| ❼ 气密舱 | ⓱ 空间站货物载有模块 | |
| ❽ 转向推进器 | ⓲ 外部油箱供油管路 | |
| ❾ 推进器的燃料 | ⓳ 主火箭发动机 | |
| ❿ 氦气箱 | ⓴ 垂直安定面 | |

## 2 划时代的航天器

　　航天飞机一次能送约30吨货物到达太空，所以可搭载大型航天器入轨，比如11吨重的哈勃空间望远镜被"发现号"送上了太空。理论上，航天飞机甚至能搭载小型空间站，"空间实验室-1号"就是装在航天飞机内的。航天飞机还能回收19吨物资，而载人飞船的返回舱除了航天员的工作空间外，就没有多余的空间了。

　　可以说，航天飞机大大增加了人类在太空中的活动余地，堪称划时代的航天器。

## 3 事与愿违的航天飞机

　　研制航天飞机，最初目标就是"图便宜"，希望能把每千克载荷的发射费用降到很低。实际使用时才发现，根本实现不了这个目标。

　　特别是航天飞机的故障率远高于载人飞船，仅有的五架就摔掉两架，还牺牲了14人，这直接导致它提前退役。

　　2011年7月21日，"亚特兰蒂斯号"降落在美国的肯尼迪航天中心，从此，航天飞机不再投入使用，一个时代结束了。

# 第三节
# 空间站

空间站也是载人航天器，但它可以在太空工作十几年之久。航天员能够随时巡访，并在里面工作。目前，载人航天器都运行在近地轨道上，到了使用期限后，会在地面引导下坠入大气层烧毁。将来，人类会建造绕其他天体运行的空间站。

空间站的内部空间比载人飞船大得多。由于不用考虑安全返回，结构也比航天飞机简单，是最经济的载人航天器。但是，航天员必须乘其他航天器才能到访。

## 1 空间站的基本结构

由于同样要用火箭发射升空，空间站的主要结构就是大圆筒，以便最大限度地利用火箭内部空间。早期空间站甚至直接用运载火箭的末级改造而成。

根据需要，"大圆筒"里再分成生活区、实验区、储存区等。空间站至少要有一个对接口，以便与其他航天器对接。早期空间站只有一个舱，后来能够陆续发射一系列舱，通过对接口，把它们像积木一样拼起来，扩大内部空间。

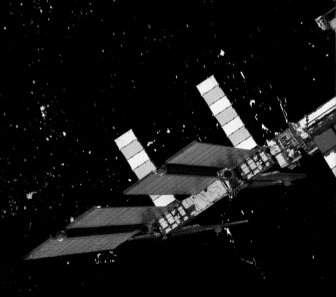

## 2 空间站的重要用途

目前，空间站主要用于科学实验。太空中没有重力，人类不能长时间生活在无重力的环境下，所以空间站的研究人员不能长时间停留在太空中。但是对很多科学实验来说，太空却比地面有利。而空间站更像是太空中的驿站，主要目的是帮助人类研究太空，这比平均只飞行几天的载人飞船更有利于长期实验。

特别是人类长期在太空生活会产生什么影响这个问题，只能在空间站里实验。俄罗斯宇航员波利亚科夫创造过连续留空437天17小时58分4秒的纪录，就是在空间站里完成的。

### 知识点

## 空间站里的氧气从哪里来？

空间站里的氧气主要通过制氧机获得。它可以收集空间站里工作和生活中产生的宇航员的尿液、汗液，座舱里的冷凝水和舱外活动产生的废弃物提供的水源，通过电解产生可供呼吸氧。国际空间站的制氧机一天就能产生5.4千克氧，足够十个人使用。

尽管这套设备能让氧气循环使用，但空间站里面很多物质也在氧化，消耗氧气。同时，空间站做不到完全密封，经常发生漏气事故。所以每次飞船对接时，都要给空间站补充加压氧气罐。

不过，有时候空间站处于无人的自动工作状态，就会减少氧气消耗。

# 第二章 空间站的发展历程

1971年4月19日，人类第一个空间站，苏联的"礼炮一号"成功升空。从那以后，空间站经历了单舱式阶段和多舱式阶段，从一个国家自己建造，发展到国际合作建造。内部空间也从99立方米扩展到916立方米。

半个世纪以来，科学家在空间站里进行了大量工业、农业和人体生理方面的实验项目，为人类定居太空打下了坚实的基础。

作为宇航科学创始人，齐奥尔科夫斯基在20世纪初就提出过建造空间站的设想。20世纪60年代末，苏联发现登月计划已经落后于美国，便把精力转移到空间站上，并且长期领先。

冷战结束后，国际空间站开始兴建。2011年，中国也发射了自己的微型空间站——"天宫一号"。

## 1 第一代空间站

最初的空间站只有一个舱，只能对接一艘飞船，而不能"搭积木"。苏联的"礼炮"系列就是这类空间站。它们命运多舛，不是发射后失灵，就是对接失败，还发生过宇航员在从空间站返回时遇难事件。不过，"礼炮"系列单舱式空间站虽然活动空间小，载人飞行时间短，但是为后来的空间站开发建设积累了宝贵的经验。

"天空实验室"是美国的第一个空间实验室，于1973年5月14日发射成功。它重达82吨，超过后来航天飞机轨道器的净重，迄今保持着最重单个舱段的纪录。大归大，但是论结构，它也只是第一代空间站，没有拓展功能，已于1979年达到使用寿命后进入大气层烧毁。

## 2 第二代空间站

　　吸取经验教训后，苏联于1977年9月29日成功发射了"礼炮"6号。它有两个对接口，可同时与两艘飞船对接，组成轨道联合体，成为最早的模块式空间站。

　　"礼炮"7号于1982年4月19日发射升空。最初一切顺利，到了1985年2月11日，该空间站突然与地面失去了联系。苏联派出两名宇航员乘坐"联盟号"飞船去抢修，完成了宇航史上第一次不受控对接。两名宇航员进入空间站后，又进行了人类第一次对损坏空间站的维修，并获得成功。这个事件后来被拍成了电影《太空救援》。

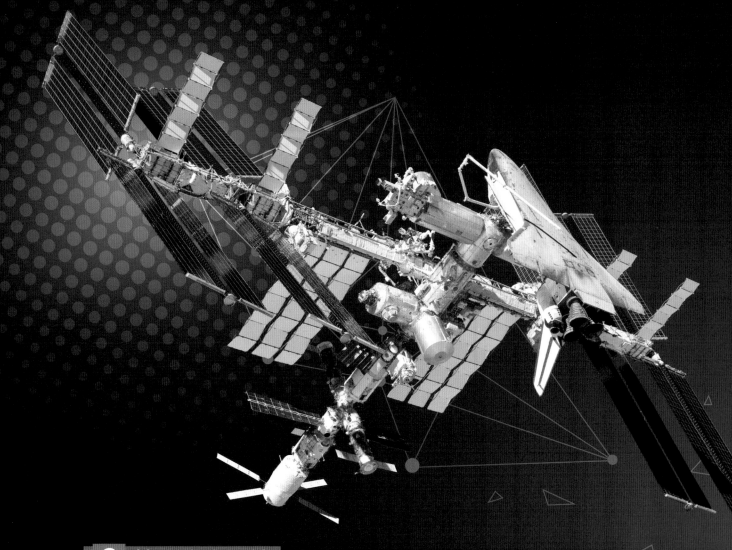

## 3 第三代空间站

　　1986年2月20日，苏联将"和平"号空间站的核心舱发射升空，它长13.13米，重21吨。然而，这只是一个漫长的"宇宙基建工程"的开端。

　　从那以后，不断有新的实验舱发射入轨，与核心舱对接。后来苏联解体，俄罗斯接棒这项工作，直到1996年4月23日才最终完工。这时的"和平"号空间站长达87米，重123吨，能够提供470立方米的有效空间。

　　这是第一个，也是目前为止唯一一个第三代空间站，它靠积木式构型创造出很大的空间。前两代空间站在轨期间，大部分时间都没有人。"和平"号空间站可谓你来我往，熙熙攘攘，总共接待了12个国家的135名宇航员。

# 4 第四代空间站

　　前两代空间站可谓小窝棚，"和平"号空间站勉强算楼房，"国际"空间站可以称为大厦。它的主桁架长88米，宽110米，即使放到地面上也是庞然大物。

　　"国际空间站"是第四代空间站，与前三代最大的不同是以桁架为主体，各种功能舱都挂在金属架上，其实是积木式与桁架式的"混血儿"。这让它更为牢固，可以对接更多的舱室，向四面八方延展。

　　在电影《星际特工：千星之城》中，人类不断发展这个"国际"空间站，对接上各种新的功能舱。数百年后，居然建成了一座太空城。虽然这是部科幻片，但是准确反映了第四代空间站方便拓展的优点。

　　最近，"国际"空间站还实验了充气模块。这是由可折叠面料制成的气囊，发射时压缩起来，塞在火箭里，与空间站对接后再充气展开。由于在发射时大大节省空间，它可能是未来空间站的重要组成部分。

## 5 团结出力量

1983年，美国总统里根提出各国合作建设空间站的设想。十年后，在空间站方面经验丰富的俄罗斯加入了这个计划，使整个项目迅速向前推进。

"国际"空间站总共吸收了十六个国家参与，大部分是发达国家，也有巴西这样的发展中国家。不过，在实施中途，巴西退出了。其中，实力雄厚的美俄是主导，其他国家只是分别建设一个舱室，或者提供一些仪器设备。

"国际"空间站是人类最大的科研合作项目，体现了人类征服宇宙过程中的协作精神。

### 知识点

## NASA

NASA是美国国家航空航天局英文全称的缩写，它成立于1958年10月，是美国联邦政府的机构，直属总统。成立后，NASA主持了美国所有重大航天项目，包括载人登月、航天飞机、火星探测等。目前的国际空间站项目也由NASA来组织。

NASA还与全球很多国家的科研机构，包括中国科研机构分享资料，形成国际协作。它还组织科普宣传活动，推广航天文化。近几年，中国学生也参加了NASA组织的太空城设计大赛。

# 6 "国际"空间站建造的三个阶段

第一阶段（1994—1998年）——准备阶段。俄罗斯确定加入"国际"空间站计划后，美国航天飞机便从1994年开始，不断与仍在轨道上运行的"和平"号空间站对接，送美国航天员上去，以取得技术突破。

第二阶段（1998—2001年）——初期装配阶段。1998年11月20日，"国际"空间站的首个组件在俄罗斯拜科努尔航天中心成功发射，后来与美国发射的节点舱对接，形成"国际"空间站的雏形。

第三阶段（2001—2011年）——最终装配和应用阶段。从2001年开始，"国际"空间站进入大规模装配和应用阶段。除美俄外，还接收了来自其他14个国家提供的组件和设备，航天员通过出舱，完成了与空间站的对接。

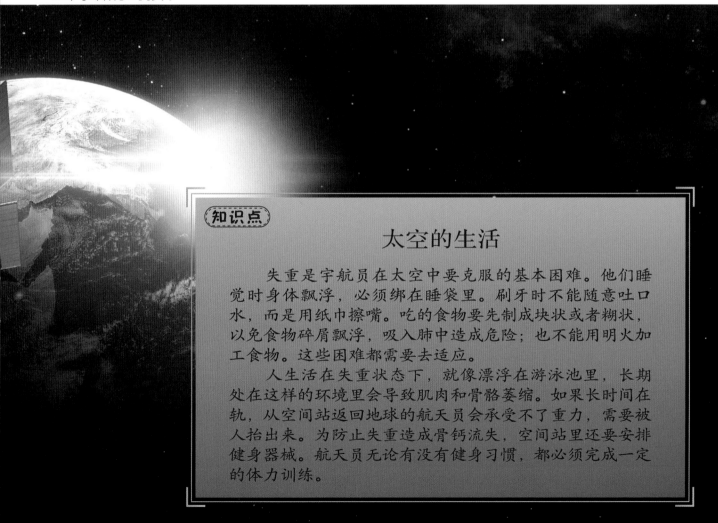

## 知识点

### 太空的生活

失重是宇航员在太空中要克服的基本困难。他们睡觉时身体飘浮，必须绑在睡袋里。刷牙时不能随意吐口水，而是用纸巾擦嘴。吃的食物要先制成块状或者糊状，以免食物碎屑飘浮，吸入肺中造成危险；也不能用明火加工食物。这些困难都需要去适应。

人生活在失重状态下，就像漂浮在游泳池里，长期处在这样的环境里会导致肌肉和骨骼萎缩。如果长时间在轨，从空间站返回地球的航天员会承受不了重力，需要被人抬出来。为防止失重造成骨钙流失，空间站里还要安排健身器械。航天员无论有没有健身习惯，都必须完成一定的体力训练。

## 1 稳健的"三步走"

建设空间站，首先要能把人送上太空，也就是发射载人飞船，这个阶段在我国已经完成。载人飞船升空后，也可在轨道上运行一段时间，但远不如空间站持久。所以，载人飞船的主要价值就是为空间站服务。

在第二个阶段，我国要研究空间实验室的对接、组装、补给等工作，还要研究如何让空间站的内部物质循环利用。这些都不能纸上谈兵，已经发射的"天宫一号"和"天宫二号"，就是第二阶段中用于测试的航天器。

获得足够经验后，我国会开始第三阶段，也就是正式建造空间站。这个阶段在2020年开始，将于2022年完工。

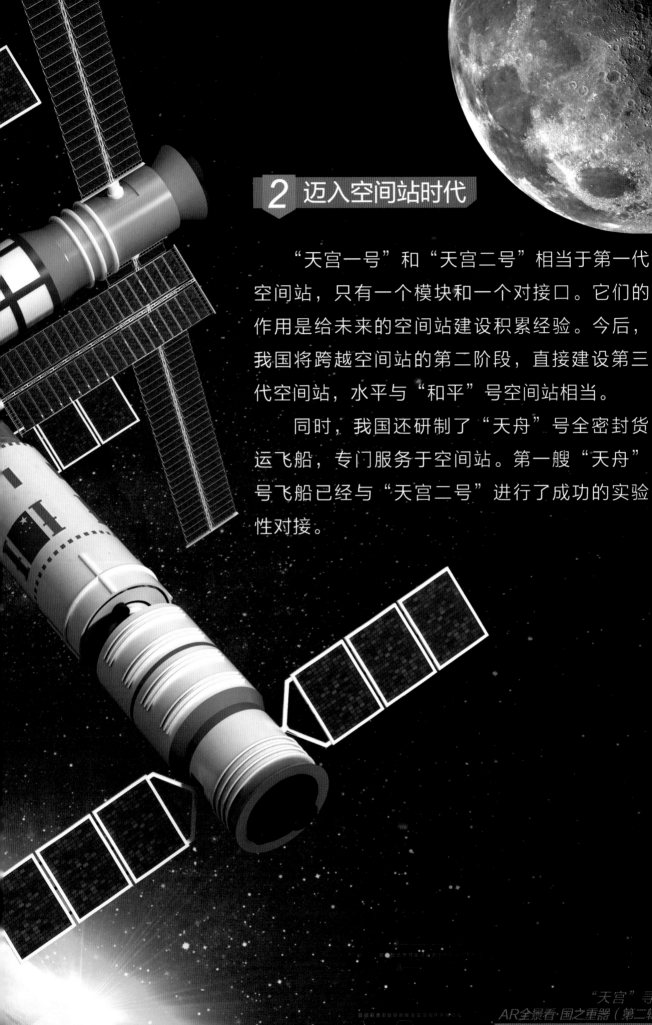

## 2 迈入空间站时代

　　"天宫一号"和"天宫二号"相当于第一代空间站，只有一个模块和一个对接口。它们的作用是给未来的空间站建设积累经验。今后，我国将跨越空间站的第二阶段，直接建设第三代空间站，水平与"和平"号空间站相当。

　　同时，我国还研制了"天舟"号全密封货运飞船，专门服务于空间站。第一艘"天舟"号飞船已经与"天宫二号"进行了成功的实验性对接。

　　科学发展至今，很多实验都要搬到太空中进行才能有突破。我国目前发射有专用的实验卫星"实践"系列，也能把仪器搭载到载人飞船上进行实验。但这些航天器在轨时间都很短，无法进行那些需要长年累月进行的实验。并且卫星和载人飞船上面空间狭小，也搭载不了天文望远镜之类的大型设备。

　　为了抢占科学制高点，突破地面实验的瓶颈，我国必须建设载人空间站。

"天宫一号"又称目标飞行器，原因是它被用来作为飞船对接训练的目标。2011年11月3日，无人驾驶的"神舟八号"与它成功对接。2012年6月18日，"神舟九号"又与它完成了载人对接。至此，我国已经完全掌握了航天器在宇宙空间对接的技术。

## 1 "天宫一号"

2011年9月29日，一枚改进后的长征二号FT1火箭在酒泉发射中心升空，将"天宫一号"目标飞行器送入轨道，从此开启了中国航天事业的空间站时代。

"天宫一号"长度超过10米，体量接近一辆公交车，起飞质量达8.5吨，是当时我国发射的最大航天器。所以，科学家专门为它对长征二号F火箭进行改装，加粗了整流罩。因为是无人飞行，所以去掉了顶端的逃逸塔。

作为迷你版的空间站，"天宫一号"由两个舱组成。航天员生活在实验舱，资源舱为"天宫一号"提供动力，帮助它变轨飞行。工作时，航天员进入前面的实验舱，对接口也安置在这一部分。

天宫

### 知识点

## "天宫"名字的由来

"天宫"是中国古人对天上环境的想象，富于文化传统。同时，空间实验室的一个重要功能就是提供更大的内部空间，让航天员的工作和生活更加舒适。所以，天宫也有"天上宫殿"的意思。

### 什么是交会对接

让两个航天器在空间轨道上会合并在结构上连成一个整体的技术，称为空间交会对接。没有它，航天员就不能从一个航天器进入另一个航天器。

航天器入轨后，飞行速度比子弹还要快3倍。在对接时，两个航天器的相对速度不能超过每秒0.2米，横向偏差不能超过18厘米。能对如此快速移动的两个物体进行如此精密的控制，依靠的是我国航天技术的整体进步。

> **知识点**
>
> ### 手控交会对接
>
> 在地面引导下，航天员乘坐追踪飞行器接近目标飞行器，然后以手动方式完成对接，称为手控交会对接。虽然现在已经能实现自动对接，但如果目标飞行器发生故障，导致通信中断，就必须用手控方式与之对接。
>
> 2012年6月24日，中国航天员驾驶"神舟九号"，以手控方式对接上"天宫一号"，标志着我国掌握了这项尖端技术。

⚛ 与神舟的对接

　　"天宫一号"作为目标飞行器，主要功能就是给空间交会对接充当训练目标。它先是与"神舟八号"完成无人自动对接，又与"神舟九号"和"神舟十号"完成载人对接。通过这三次对接，我国成为世界上第三个掌握所有空间对接技术的国家。

( 知识点 )

## 太空授课

　　"天宫一号"除了用作目标飞行器，还充当过太空教室。

　　2013年6月20日，王亚平在这里为全国中小学生上了一堂实验课。利用"天宫一号"的失重环境，王亚平做了单摆、陀螺运动、水面张力等实验。教育部门组织6000万学生通过电化设备听课，收到良好的效果。

## 4 舱内生活

作为初级版空间站，"天宫一号"内部空间非常狭窄，只有15立方米。站在一边，一只手摸到舱壁，向另一边跨一步，另一只手就能摸到对面的舱壁。

要在这么小的空间里工作和生活，航天员需要克服极大困难。"神舟九号"的航天小组在这里坚持了10天，"神舟十号"的航天员坚持了12天。

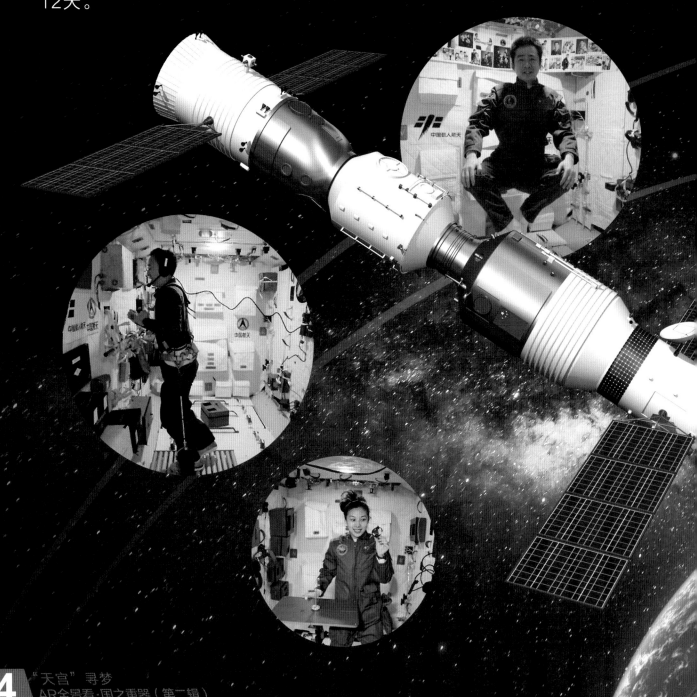

## 5 再见，"天宫一号"

作为目标飞行器，与"神舟十号"对接完成后，"天宫一号"也就该退休了。但它仿佛刚进入壮年，接下来，"天宫一号"还在资源调查、海洋应用、火山监测等方面做了很多工作，直到2016年3月16日才结束全部任务，超期服役的时间甚至长于正常工作寿命。

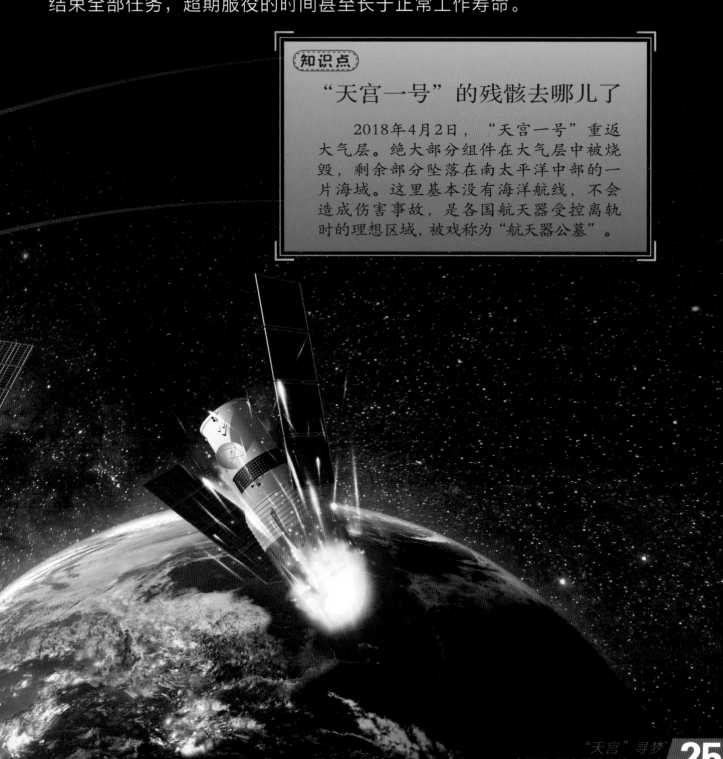

> **知识点**
>
> ### "天宫一号"的残骸去哪儿了
>
> 2018年4月2日，"天宫一号"重返大气层。绝大部分组件在大气层中被烧毁，剩余部分坠落在南太平洋中部的一片海域。这里基本没有海洋航线，不会造成伤害事故，是各国航天器受控离轨时的理想区域，被戏称为"航天器公墓"。

"天宫二号"本来是"天宫一号"的备份，由于"天宫一号"超额完成任务，航天部门便对"天宫二号"进行改装，把它发展为小型空间实验室，携带有伽马射线探测仪、冷原子钟等科研设备。航天员要在"天宫二号"里面练习如何短期照料一个空间实验室。

原计划还要发射"天宫三号"，但它的工作已经转移给"天宫二号"，这让中国空间站计划实施的效率大大提高。

## 1 "天宫二号"

"天宫二号"的尺寸和"天宫一号"基本相同，但它的资源舱被做了改装，以便试验如何在太空中补充推进剂。2016年9月15日，一枚长征二号F运载火箭将"天宫二号"顺利地送入预定轨道。

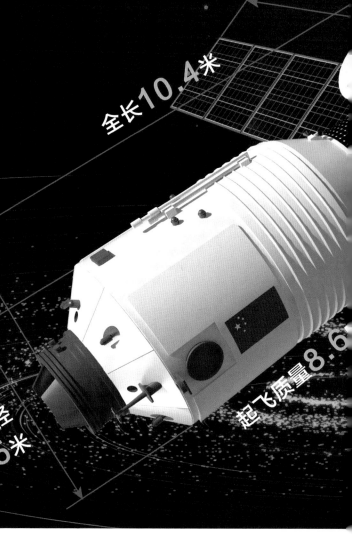

全长10.4米

最大直径3.35米

起飞质量8.6

　　"天宫一号"主要用于试验与空间站本身有关的技术，"天宫二号"则承担了更多领域的科研任务。比如探测宇宙中的极端天体、对植物进行全周期生长实验等。"天宫二号"的轨道也比"天宫一号"高了50千米，与此后我国发射的空间站轨道高度一样。

　　虽然外形一样，但是"天宫二号"内部进行了改装，可以容纳更多实验仪器，并能方便地进行维修工作。它的功能更接近未来的国家空间站。

太阳帆板展开后宽**18.4**米

# 3 交会对接

## 与"神舟十一号"对接

"天宫一号"与"神舟"飞船对接前,需要做降轨调相,从高轨道下降到低轨道等待与飞船交会对接。"天宫一号"的体量与"神舟"飞船差不多,将来国家空间站的体量会达到"天宫一号"的10倍以上,不可能再用这种让港口接近船只的做法,我们必须学会让飞船升到高轨道与之对接。

这个试验任务就交给了"神舟十一号"。2016年10月19日,"神舟十一号"与"天宫二号"在高轨道完成了对接。为完成任务,"神舟十一号"初步入轨后,还要消耗能量进行多次变轨,以接近"天宫二号"。

用飞船去追赶空间站,这是未来主要的对接方式。

1.接触

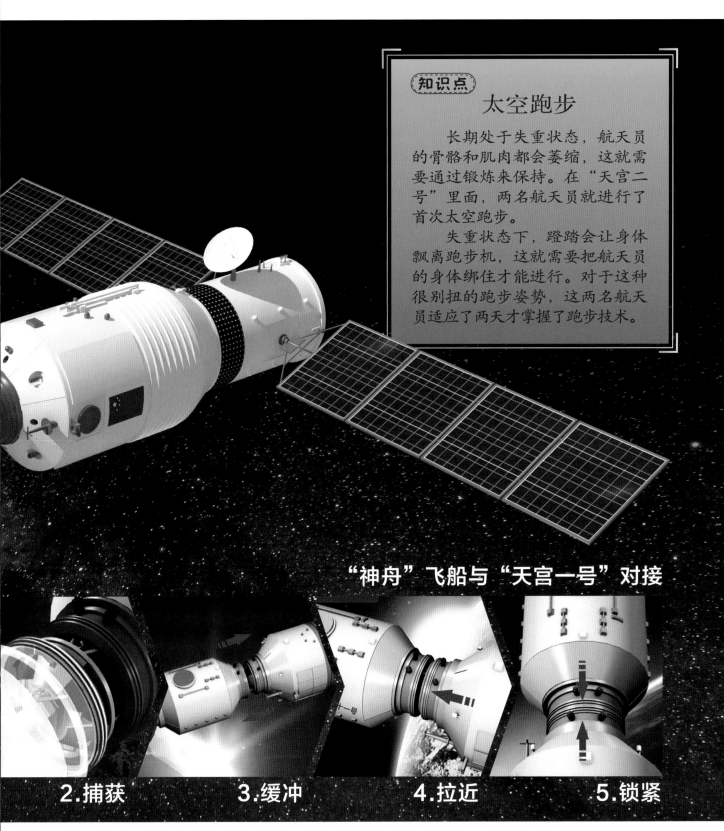

## 太空跑步

　　长期处于失重状态，航天员的骨骼和肌肉都会萎缩，这就需要通过锻炼来保持。在"天宫二号"里面，两名航天员就进行了首次太空跑步。

　　失重状态下，蹬踏会让身体飘离跑步机，这就需要把航天员的身体绑住才能进行。对于这种很别扭的跑步姿势，这两名航天员适应了两天才掌握了跑步技术。

"神舟"飞船与"天宫一号"对接

2.捕获　　　　3.缓冲　　　　4.拉近　　　　5.锁紧

　　作为中国第一款无人货运飞船，"天舟一号"的体积与空间实验室是一样的。一次可以满载6.5吨补给，达到俄罗斯无人货运飞船的2.5倍，处于国际领先水平。2017年4月27日，"天舟一号"成功地向"天宫二号"补加了推进剂。

　　空间站在轨道上飞行时，一直与高层稀薄大气摩擦，会不断降低高度。只有持续使用推进剂，才能让它维持在高轨道上。以前的"天宫一号"还只能使用发射时携带的燃料。"天舟一号"完成任务后，我国就掌握了对空间站进行全面补给的技术，可以长时间把它保留在天上。

# 4 史无前例的14项科学实验

## "最忙碌的"空间实验室

"天宫二号"共搭载了14项应用载荷，实验内容覆盖物理、材料、生物和航天医学等很多领域，是我国载人航天史上实验载荷最多的一架航天器。在地面上，这么多学科的实验一般是不会放在一间实验室里的，所以，多学科并举也是空间实验室的特点。

## 蚕宝宝吐丝结茧

把蚕带到太空中饲养，这个由中国香港学生提出的设想由"天宫二号"实现了。"神舟十一号"飞船搭载了6只蚕，它们和航天员一起进入"天宫二号"，在里面度过了30天。这些蚕不仅吐丝结茧，还化蛹为蛾，产下了蚕宝宝。

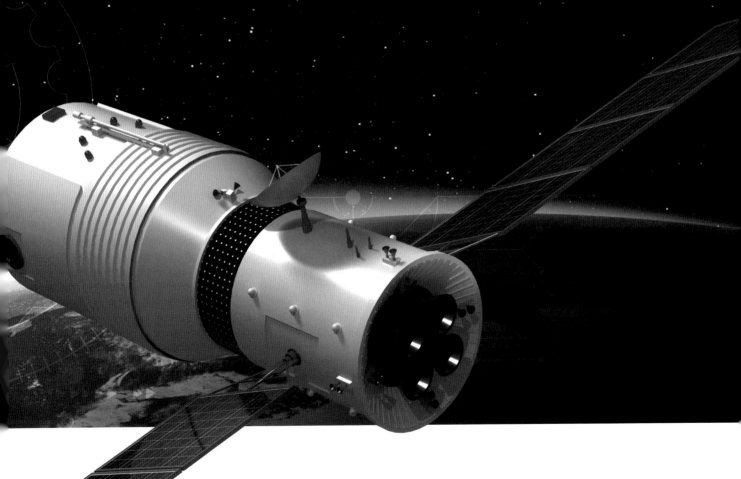

## "天极"望远镜

"天极"望远镜其实是一台高灵敏的伽马射线探测器。伽马射线是波长最短的电磁波，穿透力也最强。但是，肉眼是看不到伽马射线的，必须用专门的探测器。

宇宙间像黑洞、中子星这样极端致密的天体互相碰撞时，会爆发伽马射线。"天极号"伽马射线探测器就是专门用于发现这类宇宙中最强烈的爆炸的。

## 天宫"八卦炉"

在太空中生产地面上做不出来或者做不好的新材料，是未来太空工业的重要内容。为此就要进行先期实验。"天宫二号"搭载的"综合材料实验平台"就起到这个作用。它的主体是材料实验炉，像太上老君的"八卦炉"那样，能产生950℃的高温。在空间实验室里面，它将对18种材料进行实验。

## "自拍神器"——伴随卫星

"天宫二号"释放了一颗伴随卫星。这是一颗打印机大小的微型卫星，具有高集成度、用途广的特点，属于新一代先进微小卫星。释放后始终在"天宫二号"附近伴飞，并对它进行拍摄，可谓最昂贵的自拍神器。

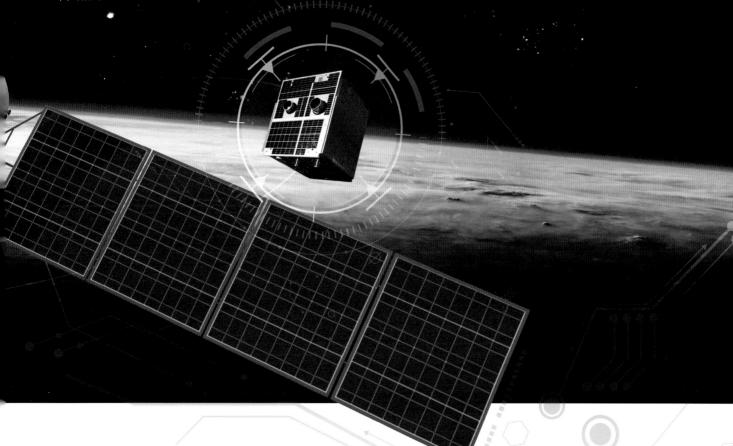

# 5 空间实验室与空间站的区别

## ⚛ 空间实验室的结构与任务

空间实验室的主要功能，是为掌握空间站技术而进行各种试验。通过"天宫一号"，我国掌握了无人对接和有人对接技术。通过"天宫二号"，我国又掌握了航天器内部物质再生式生命保障技术，以及燃料补给技术，还初步用仪器进行科学观测。总的来说，这些都是为了建设空间站打基础。

## ⚛ 空间站的结构与任务

未来的中国空间站类似于"和平"号空间站，通过对接方式扩展空间，而不是把舱室挂在桁架上。完工后，中国空间站的总质量将接近100吨，可容纳3个人在里面长期工作。

中国空间站将进行天文和地面观测，进行生理学实验和太空植物生长等实验，为人类在太空生存积累经验。

资源舱

实验舱

实验舱

核心舱

货运飞船

空间实验室

交会对接机构

## 空间实验室与空间站的区别

| 空间实验室 | 空间站 |
| --- | --- |
| 在轨寿命低于5年 | 5年以上 |
| 对接口少，不能扩展 | 有2个或2个以上对接口，同时对接载人飞船和货运飞船，以及其他实验舱，具有拓展能力 |
| 航天员一次在轨时间很短，最多几十天 | 航天员一次在轨通常超过百天 |
| 通常无人值守 | 长期有人值守 |
| 补给品需要一次带足 | 可以用飞船多次补给 |
| 很少更换有效载荷 | 经常更换有效载荷 |

载人飞船

实验舱 I

空间站

"天宫"寻梦
AR全景看·国之重器（第二辑）

　　预计到2022年，我国将初步完成空间站的建设，这标志着我们在近地轨道上站稳了脚跟。接下来到2030年，中国将完成载人登月计划，实现对地月空间的掌控。在此基础上，中国将择机对更远的深空进行载人探索。

# 第一节
## 砌筑空间站

2021年4月29日，在数亿人的期盼下，新一代运载火箭长征五号B将中国迄今最大的航天器"天和"号核心舱送入预定轨道，标志着中国空间站时代即将开启。"天和"号核心舱有五个对接口，其中有两个分别对接"问天"实验舱和"梦天"实验舱。这三个密封舱构成"T"字型结构。剩下三个对接口中的两个可以对接一艘载人飞船和一艘货运飞船，另一个对接口供乘员出舱使用。

此外，这个系统中还有一个"巡天"号光学舱，平时不与空间站对接，但与空间站在同一个轨道上飞行。如果有需要，空间站会沿着轨道接近后者，与之对接，并派人员上去维修。

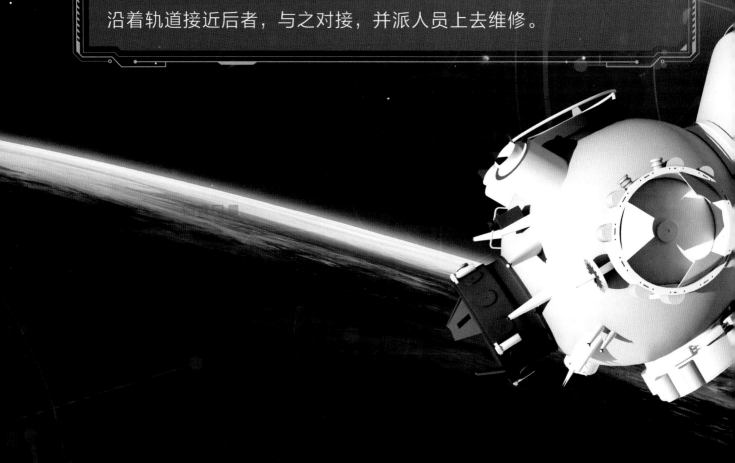

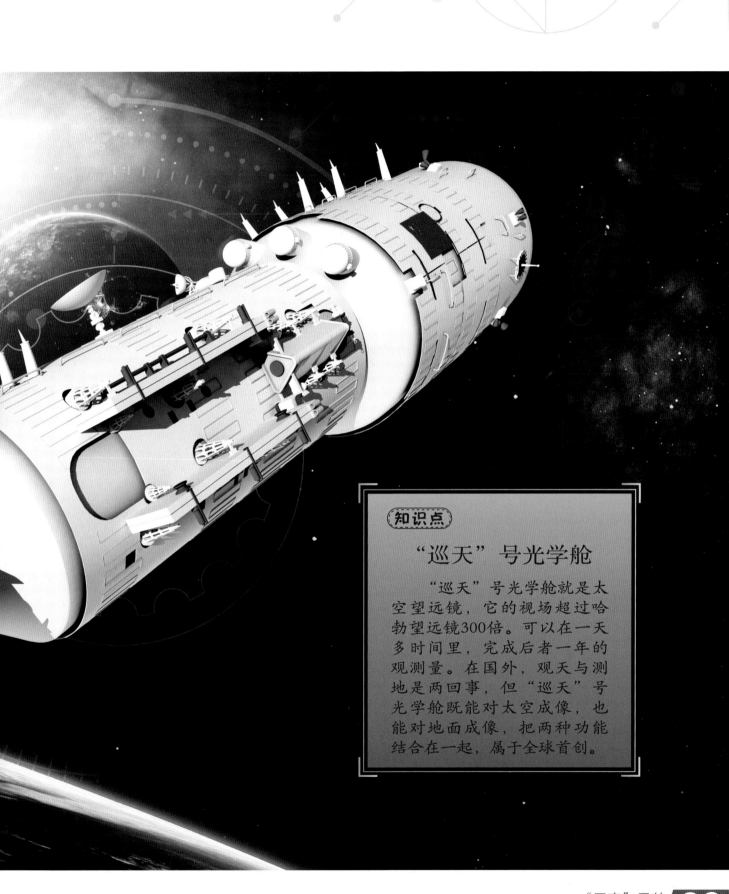

**"巡天"号光学舱**

　　"巡天"号光学舱就是太空望远镜，它的视场超过哈勃望远镜300倍。可以在一天多时间里，完成后者一年的观测量。在国外，观天与测地是两回事，但"巡天"号光学舱既能对太空成像，也能对地面成像，把两种功能结合在一起，属于全球首创。

# 第二节
# 太空站广阔的发展前景

宇航界有个理想，叫作"Made in Space"，也就是"太空制造"，即利用太空中零重力、超低温、高辐射、超洁净等有利条件，制造地面上无法制造，或者难以制造的产品，包括泡沫金属、理想晶体、超级轴承、某些高纯度药品等。

在没有黑夜，没有云层遮掩的宇宙空间，同样面积的光电材料能接收到3倍以上的太阳光，可以建造太阳能电站。月球表面蕴藏着大量氦-3，是最好的可控核聚变燃料。

要实现这些目标，就需要在地球以外建立固定的生产场所。虽然"天和"号核心舱只是空间站的第一个组件，后续还会有大量的实验任务，但过去30年的发展历程告诉我们，中国载人航天正是这样步履稳健地实现了一个又一个目标的。

中国天宫，未来可期！